1 農地制度・農地法の目的と概要

JN046455

1）農地制度・農地法の目的

農地制度は、農地を取り巻く状況に対応して、**①農地の効率的な利用、②優良農地の確保、③新たな農地ニーズへの対応、**という基本的な考え方に基づいて整備されてきました。

（1）農地制度は３つの法律が軸

法体系としては**①農地法**
②農業経営基盤強化促進法（基盤法）
③農業振興地域の整備に関する法律（農振法）
の３つの法律を中心としつつ、**農地中間管理事業の推進に関する法律（農地中間管理事業法）**が、農地利用集積の仕組みとして設けられています。

優良農地の確保
- ●**農地法**
  - ■農地の転用について制限
- ●**農振法**
  - ■農地等の整備・保全などのための農業振興地域整備計画を策定
  - ■保全すべき優良農地の区域（農用地区域）を設定

農地の効率的な利用
- ●**農地法**
  - ■農地の権利移動について制限
  - ■遊休農地対策
- ●**基盤法**
  - ■農地の利用集積を主体とする農業経営基盤の強化を促進
- ●**農地中間管理事業法**
  - ■農地利用の効率化及び高度化を促進

新たな農地ニーズへの対応
- ●**特定農地貸付法**
  - ■市民農園としての農地の貸付け
- ●**市民農園整備促進法**
  - ■市民農園の整備を促進
- ●**都市農地貸借円滑化法**
  - ■都市農地の貸借の円滑化

（2）根幹をなす農地法

とりわけ農地制度の根幹である農地法は、農地を効率的に利用する耕作者による地域との調和に配慮した農地の権利取得を促進するとともに、農地転用を規制する内容となっています。

●農地法の目的（農地法第1条）

食料の安定供給を図るための重要な生産基盤である農地について、耕作者みずからによる農地の所有が果たしてきている重要な役割も踏まえつつ、①農地を農地以外のものとすることの規制、②農地を効率的に利用する耕作者による地域との調和に配慮した農地についての権利取得の促進及び農地の利用関係の調整、③農地の農業上の利用を確保するための措置の

実施により、耕作者の地位の安定と国内の農業生産の増大を図り、もって国民に対する食料の安定供給の確保に資することを基本的な考え方としています。

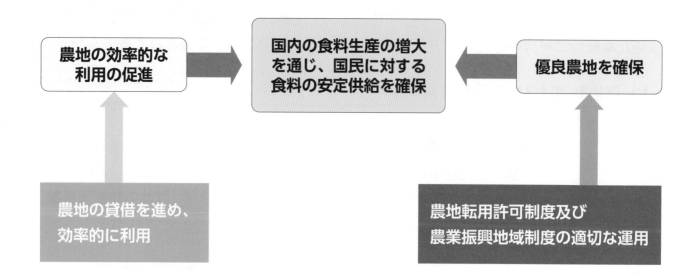

農地法の考え方（イメージ）

農地の効率的な利用の促進 → 国内の食料生産の増大を通じ、国民に対する食料の安定供給を確保 ← 優良農地を確保

農地の貸借を進め、効率的に利用

農地転用許可制度及び農業振興地域制度の適切な運用

● **農地の権利を有する者の責務**

「農地の所有権または賃借権等を有する者は、農地について適正かつ効率的な利用を確保しなければならない」旨の責務規定が設けられています（農地法第2条の2）。

これは、平成21年12月の農地法改正により、農地法の基本的な考え方（目的）が「農地はその耕作者みずから所有することが最も適当」→「農地を効率的に利用する耕作者の権利取得促進」へと改正されたことに伴い、同改正で農地について権利を有する全ての者を対象に農業上の適正かつ効率的な利用確保の責務規定が設けられました。

2）農地制度の概要

（1）農地法の概要

制　　定	昭和27年
目　　的	「農地法の目的（農地法第1条）」（1ページ参照）
主な内容	■ 農地を効率的に利用する耕作者による地域との調和に配慮した農地の権利取得を促進する**農地の権利移動の許可制度等** ■ 農地転用を規制する**農地転用許可制度** ■ 農地等の賃貸借を保護する利用関係の調整等

（2）基盤法の概要

制　定	農用地利用増進法（昭和55年制定）を平成5年に改名・拡充
目　的	効率的かつ安定的な農業経営を育成し、これらの農業経営が農業生産の相当部分を担う農業構造の確立を目的としています。
主な内容	■ 農業経営基盤強化促進基本方針（都道府県）及び農業経営基盤強化促進基本構想（市町村）の策定 ■ 農地中間管理機構特例事業 ■ 市町村ごとに**「育成すべき農業経営の目標」**を明確化（基本構想）

この目標に向けて**経営の改善を計画的に進めようとする農業者の計画**を認定

……認定農業者制度

新たに農業経営を営もうとする青年等の就農計画を認定

……認定新規就農者制度

■ 地域の計画的な土地利用を関係者が協議して定める

…地域計画（地域農業経営基盤強化促進計画）

[農用地の利用の集積を進めるための制度]
■ 農業経営基盤強化促進事業
■ 農地中間管理機構特例事業　等

■ 農業経営基盤強化促進事業の実施等

地域計画推進事業（農用地の効率的かつ総合的な利用を確保するため、市町村が実施）

→ **地域計画・目標地図の策定**（農業者等による協議の結果を踏まえ、地域計画の策定（人・農地プランの法定化）、地域計画では農業を担う者ごとに利用する農用地等を目標地図に表示）

→ **地域計画達成に向けた利用権の設定等の促進**（農地中間管理事業及び機構特例事業の活用）

（3）農振法の概要

制　定	昭和44年
目　的	農業の振興を図ることが必要な地域について、その地域の整備に必要な施策を計画的に実施することにより、農業の健全な発展と国土資源の合理的な利用に寄与することを目的としています（農振法第1条）。
主な内容	■ 優良農地の確保に向けた仕組みとしての**農業振興地域制度**

〈農業振興地域制度の概要〉

	方針等	地域の指定等
国（農林水産大臣）	農用地等の確保等に関する基本指針	―
都道府県（都道府県知事）	農業振興地域整備基本方針	農業振興地域 [総合的に農業の振興を図ることが相当な地域]
市町村	農業振興地域整備計画	農用地区域 [おおむね10年以上にわたり農業上の利用を確保すべき土地として設定した区域]

（4）農地中間管理事業法の概要

制　定	平成25年
目　的	農地中間管理事業について、農地中間管理機構の指定その他これを推進するための措置を定めることにより、農用地の利用の効率化及び高度化を促進することを目的としています。
主な内容	農地中間管理機構（以下「機構」という。）は、所有者不明農地、遊休農地も含め所有者等から借受け、令和4年改正農業経営基盤強化促進法において法定化された地域計画（目標地図）」に位置付けられた受け手に貸付けを行い、農地の集積・集約化を推進[注]します。

（注）権利の設定等

〇機構は、農業委員会の意見を聴いて、貸借や農作業受託等について定める農用地利用集積等促進計画を策定（農用地利用配分計画と市町村による農用地利用集積計画を統合）

〇農業委員会は、機構に同計画を定めるべき旨を要請でき、機構はその内容を勘案して計画を策定

3）農地制度における農地等の概念

　農地法では、「農地」「採草放牧地」について定義しています。これは、権利移動あるいは転用制限の対象を明らかにするもので、関係する法律も農地法の定めを基本としています。

農用地	農地	【定　義】　農地とは、「耕作の目的に供される土地」とされています（農地法第2条第1項）。「耕作」とは、土地に労働および資本を投じ、肥培管理を行って作物を栽培することです。 　　つまり、農地とは、耕うん、整地、播種、灌がい、排水、施肥、農薬散布、除草などを行い、作物が栽培される土地のことです。 【現況主義】　農地であるかどうかの判断は、土地の現況に着目して判断します。土地登記簿上の地目によって区分するものではありません。 ●農地に該当するもの 　・肥培管理が行われ、現に耕作されているもの 　　　田、畑、果樹園、牧草栽培地、林業種苗の苗田、わさび田、はす池、芝、牧草畑、庭園などに使用する各種花木栽培 　・現に耕作されていなくても農地に当たるもの 　　　休耕地、不耕作地（現に耕作されていなくても耕作しようとすればいつでも耕作できるような休耕地、不耕作地等も含まれます） ●農地法上、農地と同様に取り扱われるもの 　・あらかじめ農業委員会に届け出た上で、農作物栽培高度化施設^{（※）}の底面とするために農地をコンクリートその他これに類するもので覆う場合における農作物栽培高度化施設の用に供される当該農地（法第43条第1項） 　　※「農作物栽培高度化施設」とは、専ら農作物の栽培の用に供する施設で、農作物の栽培の効率化や高度化を図るためのもののうち、周辺の農地に係る営農条件に支障を生ずるおそれがないものとして農林水産省令で定めるものをいいます。 ●農地に該当しないもの 　・現に耕作されていても、社会通念からみてその土地が本来有する用途、機能から外れた一時的・例外的現象にあたる場合（例：家庭菜園、空閑地利用、不法開墾）
	採草放牧地	【定　義】　採草放牧地とは、「農地以外の土地で、主として耕作または養畜の事業のための採草または家畜の放牧の目的に供されるもの」とされています（法第2条第1項）。 　　「耕作の事業のための採草」とは、堆肥にする目的等での採草のことであり、「養畜の事業のための採草」とは、飼料または敷料にするための採草です。 【現況主義】　採草放牧地であるかどうかの判断は、土地の現況に着目して判断します。土地登記簿上の地目によって区別するものではありません。 ●採草放牧地に該当しないもの 　・屋根を含めたカヤの採取 　・主として堤防、道路等であって、その一部で耕作または養畜のための採草 　・牧草を播種し、施肥を行い、肥培管理して栽培しているような場合（農地になります）

関係法律における農地等の定義

法律名 土地の利用目的	農地法	農振法	基盤法	農地中間管理事業法	土地改良法
耕作の目的に供される土地	農地	農用地	農用地	農用地	農用地
養畜の事業のための採草または家畜の放牧の目的に供される土地	採草放牧地				
耕作の事業のための採草の目的に供される土地					

※耕作又は養畜の事業とは、耕作又は養畜の行為が反覆継続的に行われることをいい、必ずしも営利の目的である必要はありません。

2 農地法による農地の権利移動の制限

1）農地の権利移動の許可制度（農地法第3条）

農地の貸し借りや売り買いをするときは、農地法にもとづき農業委員会の許可を受ける必要があります。

●権利移動の許可制度の目的

不耕作目的や資産保有目的等での農地の取得など、望ましくない権利移動を禁止し、効率的に農地を利用する者が農地の権利を取得できるようにすること。

 農業委員会が許可申請書を受理したのち、総会または部会で許可・不許可を審議・決定します。

2）許可の対象

対　　象	農業委員会に許可申請

■農地の貸借の契約　　■農地の売買・贈与の契約　　■競売
■公売　　■相続人以外への特定遺贈

対象でない 権利の設定、移転ではないため農業委員会に許可申請する必要はありません。ただし、届出が必要な場合があります（7ページの4）参照）。

■相続　■法人の合併　■法律行為の無効、取消　■債務不履行による解除
■共有持分の放棄　■時効取得

3）許可不要なもの

許可不要（主なもの） 農業委員会の許可は不要です（許可申請する必要はない）が、各制度に基づいた手続きは必要です。ただし、届出が必要な場合があります（7ページの4）参照）。

■遊休農地に係る農地中間管理権の設定（法第3条第1項第3号）
■権利を取得する者が国または都道府県である場合（法第3条第1項第5号）
■土地改良法等に基づく交換分合による権利設定等（法第3条第1項第6号）
■農地中間管理事業法の農用地利用集積等促進計画による貸借権、使用貸借権等の設定等（法第3条第1項第7号）
■農事調停（法第3条第1項第10号）

■土地収用（法第3条第1項第11号）　■遺産の分割等（法第3条第1項第12号）
■機構が農業委員会へ届出て、農地中間管理機構特例事業実施による権利取得（法第3条第1項第13号）
■機構が農業委員会へ届出て、農地中間管理事業の実施により農地中間管理権等の取得（法第3条第1項第14号の2）等
■包括遺贈又は相続人に対する特定遺贈（施行規則第15条第5号）

4）届出が必要なもの（詳しくは16ページ）

　下記の理由で農地の権利を取得した場合、権利を取得したことを知った日から、おおむね10カ月以内に、農業委員会に届出（事務処理要領　別紙1様式例第3号の1）することとされています（農地法第3条の3）。

- 相続（遺産分割、包括遺贈及び相続人に対する特定遺贈を含む）
- 法人の合併・分割
- 時効取得　等

	相続人に対する	相続人以外への
包括遺贈	許可不要	許可不要
特定遺贈	許可不要	許可　要

農委の着眼点　農業委員会の許可の「対象になっていない」、あるいは「許可が不要な」農地等の権利取得について、農業委員会が把握できるように設けられた制度です。把握した農地等がしっかり使われないおそれがある場合は、農地の貸し借りや売り買い等を促すなど、農地の適正な利用に向けて必要な対応をします。

5）農地法に基づく農地の貸し借り、売り買いの手続き

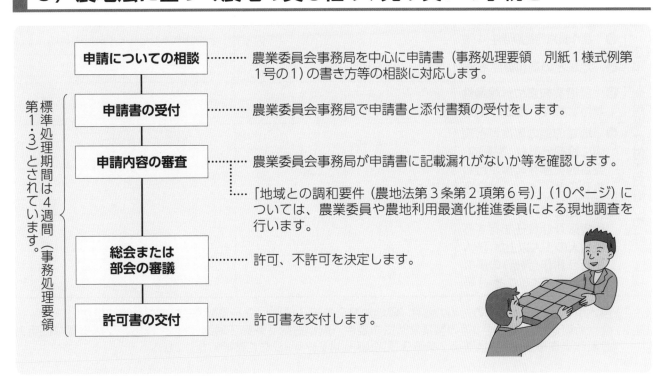

標準処理期間は4週間（事務処理要領　第1・3）とされています。

申請についての相談	農業委員会事務局を中心に申請書（事務処理要領　別紙1様式例第1号の1）の書き方等の相談に対応します。
申請書の受付	農業委員会事務局で申請書と添付書類の受付をします。
申請内容の審査	農業委員会事務局が申請書に記載漏れがないか等を確認します。
	「地域との調和要件（農地法第3条第2項第6号）」（10ページ）については、農業委員や農地利用最適化推進委員による現地調査を行います。
総会または部会の審議	許可、不許可を決定します。
許可書の交付	許可書を交付します。

6）許可の要件

　農地を利用する者（借り手、買い手など）には利用するための要件が定められており、それは「基本の要件」と「解除条件付き貸借の要件」に整理できます。

基本の要件　（所有権・賃借権等の使用収益権の取得）
■ **個人** ■ **農地所有適格法人（旧 農業生産法人）**
→農業を担うべき者として、農地を借りること、買うことが認められています。

解除条件付き貸借の要件　（使用貸借による権利又は賃借権の取得）
■ **個人** ■ **農地所有適格法人以外の法人**
→**農地を解除条件付きで借りる場合に限り**、権利取得が認められています。
→また、これらの者が適正に農地を利用するよう、許可を取り消す等の担保措置が設けられています（14 ～ 15ページ参照）。

（1）基本要件

	認められる権利	個　人		法　人	
		基本の要件	解除条件付き貸借の場合の要件	基本の要件（農地所有適格法人）	解除条件付き貸借の場合の要件（農地所有適格法人以外の法人）
		貸借・売買	貸借	貸借・売買	貸借
基本要件 2項	❶ 全部効率利用要件 1号	○	○	○	○
	❷ 農地所有適格法人要件 2号			○ (注1)	
	❸ 農作業常時従事要件 4号	○		(注2)	
	❹ 地域との調和要件 6号	○	○	○	○
解除条件付き貸借の要件 3項	❺ 貸借契約書に解除条件が付されていること 1号		○		○
	❻ 地域の他の農業者と適切に役割分担し、継続的・安定的に農業経営が行われること 2号		○		○
	❼ 業務を執行する役員又は権限及び責任を有する使用人の1人以上が、法人が行う耕作（養畜）の事業に常時従事すること 3号			(注2)	○

（注1）農地所有適格法人になるための要件（農地法第2条第3項）は19 ～ 21ページをご参照ください。
（注2）農地所有適格法人の理事等の農業常時従事要件（農地法第2条第3項第3号）、理事等又は重要な使用人の農作業従事要件（農地法第2条第3項第4号）は21ページをご参照ください。

❶ 全部効率利用要件（農地法第3条第2項第1号）

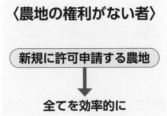

〈農地の権利がある者〉

すでに権利がある農地
＋
新規に許可申請する農地
↓
全てを効率的に

〈農地の権利がない者〉

新規に許可申請する農地
↓
全てを効率的に

農地の権利を取得しようとする者（借り手や買い手など）またはその世帯員等が保有している農地を含め、それらの者が全ての農地を効率的に耕作すること。

農委の着眼点　農地の権利を取得する者またはその世帯員等の経営規模や作付作目等を踏まえて、下記に着目して総合的に判断します（事務処理基準第3・3（2））。
①**機械**が十分に確保されているか（所有、リースを含めて）
②**労働力**が十分に確保されているか（雇用者を含めて）
③**技術**が十分にあるか（雇用者や委託先を含めて）

※）下限面積要件の廃止に伴う全部効率利用要件の改正内容は11〜12ページ参照。

キーワード　**世帯員等**

住居及び生計を一にする親族^(注)並びに当該親族の行う耕作又は養畜の事業に従事するその他の2親等内の親族と定義されています（農地法第2条2項）。

（注）6親等内の血族、配偶者、3親等内の姻族（民法第725条）

❷ 農地所有適格法人要件（法人の場合）（農地法第3条第2項第2号）

法人の場合は、**農地所有適格法人**であること。

農委の着眼点　**農地所有適格法人とは？**
農地法に基づく一定の要件を満たす法人を「農地所有適格法人」といい、農地を買うことができます。

農地所有適格法人
〈農地法第2条第3項の要件を満たすもの〉

── **会社法人（株式会社等）**
└─ **農事組合法人**

※農地所有適格法人以外の法人が農地の権利を取得する場合は解除条件付き貸借によります。

❸ 農作業常時従事要件 (個人の場合) (農地法第3条第2項第4号)

権利を取得する者またはその世帯員等が
　　→耕作または養畜の事業に必要な農作業に常時従事すること。

農作業に常時従事とは？
[原則] 農作業に従事する日数が年間150日以上 (事務処理基準第3・5 (2))
農作業に従事する日数が年間150日未満の場合でも
　　→農作業を行う必要がある限り、その農作業に従事していれば、「農作業に
　　常時従事する」と認められます (事務処理基準第3・5 (2))。

| キーワード | **耕作または養畜の事業に必要な農作業** |

　地域の農業経営の実態からみて、通常、農業経営を行う者が自ら従事する農作業。
その地域において、農協その他の共同組織が主体となって処理することが一般的と
なっている農作業は含まれない (事務処理基準第3・5 (1))。

❹ 地域との調和要件 (農地法第3条第2項第6号)

地域の　　■ 地域計画の達成
　　　　　■ 農地の集団化
　　　　　■ 農作業の効率化
　　　　　■ その他、周辺の地域における農地等の　　　　➡　に支障が生じないこと。
　　　　　　効率的かつ総合的な利用

具体的には次の通りです (事務処理基準第3・7)
①地域計画の達成に支障が生じる場合とは？
　　→地域計画においては、農業を担う者ごとに利用する農用地等を定め、これ
　　を目標地図に表示することによって農地等の効率的かつ総合的な利用を確
　　保することとしている。地域計画の区域内の農地等の権利取得によって当
　　該目標地図の実現に支障を生じる場合
②「農地の集団化」に支障が生じる場合とは？
　　→集落営農や経営体がまとまった農地 (集団化している農地) を利用してい
　　る地域で、小面積等の農地の権利取得によって、その利用を分断するよう
　　な場合
③「農作業の効率化」に支障が生じる場合とは？
　　→地域の農業者が協力して水田等の水管理 (水利調整) をしている地域で、

10

　　　水利調整に参加しない営農を行う場合

　→無農薬、減農薬栽培が行われている地域で、農薬を使用し、周辺地域の農業者の無農薬栽培等が事実上困難になる場合

　→集落で一体となって生産する特定の品目の栽培に必要な共同防除等の営農活動に支障がある場合

④「その他、農地の効率的かつ総合的な利用」に支障が生じる場合とは？

　→地域の水準よりも極端に高い借賃で農地を借り受け、地域の一般的な借賃を著しく引き上げるおそれがある場合

キーワード　農地の集団化

細分、分散している農用地を広く使いやすい形にまとめること。

　地域との調和要件については、解除条件付貸借だけでなく、農地法第3条許可の申請がされたすべての事案について、総会または部会の審議に先立ち、現地調査をします（事務処理基準第3・7（2））。

　現地調査は必要に応じて複数の農業委員や推進委員が参加して行います。

※）下限面積要件の廃止に伴う地域との調和要件の改正内容は12ページ参照。

下限面積要件が廃止されました

　農業者の減少・高齢化が加速化する中で、認定農業者等の担い手だけではなく、経営規模の大小にかかわらず意欲を持って農業に新規に参入する者を地域内外から取り込み、これらの者の農地等の利用を促進する観点等から、旧農地法第3条第2項第5号に規定された**面積要件（下限面積要件／都府県50ａ以上、北海道2ha以上）が廃止**され、**「別段の面積」も効力を失って**います。

　改正後も引き続き、**全部効率利用要件**（農地法第3条第2項第1号）、**農作業常時従事要件**（同項第4号）、**地域との調和要件**（同項第6号）**は存置**され、農地等の権利取得に当たっては**これらの要件を満たす必要**があります。

　特に、区域内の農地等の権利取得によって地域計画（基盤法第19条第1項）の実現に支障が生ずる場合は、改正後の農地法第3条第2項第6号に掲げる場合に該当し、許可することができないとされています。

　改正された「農地法関係事務に係る処理基準」（令和5年3月31日通知）第3・3（3）では、**全部効率利用要件**について、法令の定めのほか

①権利取得者等が、権利取得後において行う耕作又は養畜の事業の具体的内容を明らか

にしない場合には、資産保有目的・投機目的等で農地等を取得しようとしているものと考えられることから、農地等の全てを効率的に利用して耕作又は養畜の事業を行うものとは認められない

②権利取得者等が、権利取得後において農地の一部のみで耕作の事業を行う場合や、その事業が近傍の自然的条件及び利用上の条件が類似している農地の生産性と比較して相当程度劣ると認められる場合は、農地等の全てを効率的に利用して耕作又は養畜の事業を行うものとは認められないため、許可することができない
ことが新たに追加とされました。

また、**同基準第3・7（1）**では、**地域との調和要件**について、法令の定めのほか
①「地域計画」の達成に支障が生ずるおそれがあると認められる場合
②農地が面的にまとまった形で利用されている地域で、小面積等の農地の権利取得によって、その利用を分断するような場合は、許可することができない
ことが新たに追加とされました。
なお、「地域計画」の実現に資するよう許可の判断をすることが必要とされています。

（2）解除条件付き貸借の許可要件

❶ **全部効率利用要件**（9ページ）
❹ **地域との調和要件**（10ページ）

の基本要件に加えて、次の❺、❻、❼が要件となっています。

❺ 貸借契約書に解除条件が付されていること（農地法第3条第3項第1号）

農地を適正に利用していない場合には、**貸借契約を解除する旨**の条件（解除条件）が契約書に付されていること。

契約書にはこんなことを明記します（事務処理基準第3・9（1））。
※契約書の様式例は農地法に係る事務処理要領（別紙1様式例第10号の2）で例示されています。

農地を適正に利用していない場合には、貸借契約を解除する。

＋（加えて）

貸借を解除して撤退した場合の混乱を防止するため、次の4点が明記されているか、実行する能力があるかを審議の際に確認します。
①農地等を明け渡す際の原状回復の義務は誰にあるか
②原状回復の費用は誰が負担するか
③原状回復がなされないときの損害賠償の取決めがあるか

④貸借期間の途中に契約を終了した場合について、違約金の支払いの取決めがあるか

❻ 地域の他の農業者と適切に役割分担し、継続的・安定的に農業経営が行われること（農地法第3条第3項第2号）

地域の話し合い活動や共同作業に参加するなど、地域の農業者と**適切に役割分担**し、機械や労働力を十分に確保するなど、**継続的・安定的に農業経営**を行う見込みがあること。

適切な役割分担とは？（事務処理基準第3・8（2）①）

（例えば）…農業の維持発展に関する話し合い活動に参加
農道、水路、ため池等の共同利用施設の取決めを遵守
獣害被害対策に協力
等がされるかに着目して判断します。
→農地を借りようとする者が提出する確約書や農業委員会と結ぶ協定などで確認します。

継続的・安定的な農業経営とは？（事務処理基準第3・8（2）②）

機械や労働力を十分に確保でき、農業経営を長期的に継続して行う見込みがある。

❼ 業務を執行する役員等の1人以上が、法人が行う耕作（養畜）の事業に常時従事すること（法人の場合）（農地法第3条第3項第3号、施行規則第17条）

業務を執行する役員又は法人の農業について権限と責任を有する使用人のうち1人以上が、法人が行う耕作（養畜）の事業（農作業、営農計画の作成、マーケティング等を含む）に常時従事し、責任を持って対応できると認められること。

7）解除条件付き貸借による適正な農地利用を担保するための措置

❶ 市町村長への通知（農地法第3条第4項）

農業委員会
解除条件付き貸借の許可をしようとするときは、農業委員会はあらかじめ市町村長に通知します。

市町村長
農地の農業上の適正かつ総合的な利用を確保する観点から必要があると認めるときは、

市町村長は農業委員会に意見を述べることができます。

❷ 農地の利用状況報告（農地法第6条の2、農地法施行規則第60条の2、事務処理要領第1・6）

農地の利用者

解除条件付き貸借で農地を借りた者は、毎事業年度の終了後3カ月以内に、農地等の利用状況の報告書（事務処理要領　別紙1様式例第1号の7）を許可を受けた全ての農業委員会に提出します。

農業委員会

報告書を受理し、農地を適正に利用しているかを確認します。

報告書の提出がないときは速やかに報告するよう求めます。

❸ 解除条件付き貸借についての農業委員会による勧告・許可の取り消し・あっせん（農地法第3条の2）

〈勧告と許可の取り消し〉（農地法第3条の2第1項、第2項）

(1)下記のような場合は、農地の借り手に対して相当の期限を定めて**勧告**することができます。

農委の着眼点

農業委員会が勧告をする場合（事務処理基準第4（1）（2））

①周辺の地域における農地等の農業上の効率的かつ総合的な利用の確保に支障が生じている場合

　（例えば）…病害虫の温床になっている雑草の刈取りをせず、周辺の作物に著しい被害を与えているケース

②地域の農業者と適切に役割分担し、継続的かつ安定的な農業経営を行っていない場合

　（例えば）…担当である水路の維持管理の活動に参加せず、その機能を損ない、周辺の農地の水利用に著しい被害を与えているケース

③法人の業務を執行する役員等のうち誰も農業経営に常時従事していない場合

　（例えば）…法人の農業部門の担当者が不在となり、地域の他の農業者との調整が行われず、周辺の営農活動に支障が生じているケース

(2)①農地の利用者が農地を適正に利用していないにも関わらず、貸し手が契約を解除しない場合、または②農地を借りている者が農業委員会の勧告に従わなかった場合は農地法第3条の**許可を取り消し**ます。

農委の業務

勧告をするか否か、また許可の取り消しをするか否かについては、総会または部会で審議・決定します。

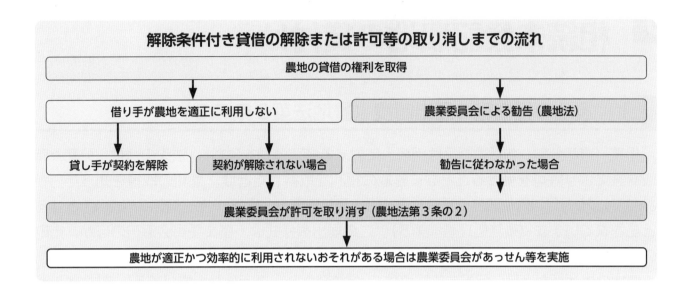

〈**あっせん等**〉（農地法第3条の2第3項）

　契約が解除されたり、許可の取り消しがなされた農地について、適正かつ効率的な利用がされないおそれがある場合は、農業委員会は農地の所有者に対して、農地中間管理事業を活用するなどあっせん等の働きかけを行います。

3 相続等の届出制度及び 相続未登記農地の貸付け

1）農地の相続等の届出制度（農地法第3条の3）

　相続（遺産分割、包括遺贈又は相続人に対する特定遺贈を含む）、法人の合併・分割、時効取得等により許可を受けることなく農地の権利を取得した者は、権利の取得を知った日からおおむね10カ月以内に農業委員会に届出（事務処理要領　別紙1様式例第3号の1）をすることとされています（事務処理基準第5）。この届出書様式は、農業委員会窓口のほか、市町村の関係窓口に備えつけることが望ましいとされています（事務処理要領第3・1）。

　農地の権利者を適確に把握する観点から、相続発生時、遺産分割協議が整う以前に、すみやかに農地の相続人全員の名前の記載による届出が求められています。なお、相続により農地を取得する場合、①相続人全員に均分相続が行われた後（相続人全員の共有となった後）、②遺産分割協議により特定の相続人が農地の全ての権利を有することとなるのが一般的であり、①と②のいずれも農地法第3条の許可は不要とされていますが、①の段階で届出を行う必要があります。

2）届出から農地のあっせんまでの流れ

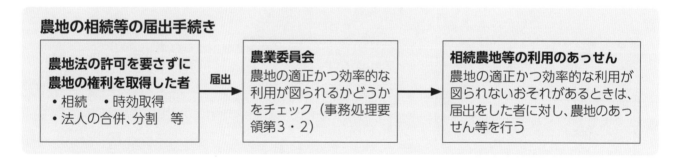

農地の相続等の届出手続き

| 農地法の許可を要さずに農地の権利を取得した者
・相続　・時効取得
・法人の合併、分割　等 | 届出 → | 農業委員会
農地の適正かつ効率的な利用が図られるかどうかをチェック（事務処理要領第3・2） | → | 相続農地等の利用のあっせん
農地の適正かつ効率的な利用が図られないおそれがあるときは、届出をした者に対し、農地のあっせん等を行う |

（1）農業委員会の事務

　農業委員会は届出書の記載事項を検討したうえで、これを受理します。届出された農地が適正かつ効率的に利用されないおそれがある場合は、届出をした者に対して、農地の所有権の移転等をあっせんします。

届出の効力は？

　届出は権利取得の効力を発生させるものではありません（事務処理基準第5（3））。

　そのため、農地台帳への記載は、届出があった旨がわかるようにする程度にとどめ、正式に農地の権利設定・移転がされたことが確認できれば、農地の所有者等を書き替えます。

（2）罰則

届出をしなかったり、虚偽の届出をした者は、10万円以下の過料に処せられます（農地法第69条）。

■ 3）所有者不明農地（相続未登記農地）の利活用のための制度

○共有農地に係る共有者全員同意の例外

複数の不在村者等が所有する共有農地について、共有者全員の同意が得られなくても、2分の1を超える共有持分を有する者の同意があれば、農用地利用集積等促進計画に基づく農地中間管理権設定（存続期間が40年以内）を進めることで相続未登記農地の利活用を図ることができます（改正後の農地中間管理法第18条第5項第4号ただし書）。

○共有者の2分の1を超える同意が得られない場合でも一定の手続きを経れば農地中間管理機構に利用権の設定可能

・共有者の1人以上は判明している農地（改正後の農地中間管理法第22条の2、第22条の4）

市町村の要請を受け、農業委員会が探索をし、探索の結果、2分の1以上の共有持分を有する者を確知することができない場合は、共有持分を有する者であって全ての同意を得て「共有者不明農用地等に係る公示」を行い、不確知共有者が異議を述べなかったときは、農地中間管理機構の作成する農用地利用集積等促進計画にみなし同意があったものとして、農地中間管理機構への貸借権（40年以内）又は使用貸借の設定が可能です。

・所有者が1人も判明しない農地（農地法第41条）

所有者が分からない遊休農地については、農業委員会が探索をし、探索の結果、所有者等を確知することができない場合は「所有者を確知できない旨の公示」を行い、当該公示に係る所有者等から申出がないときは、機構への公示結果の通知・機構による利用権設定の裁定申請・知事による裁定を経て農地中間管理機構が利用権（40年以内）を取得することが可能です。

共有農地の利用権設定の流れ

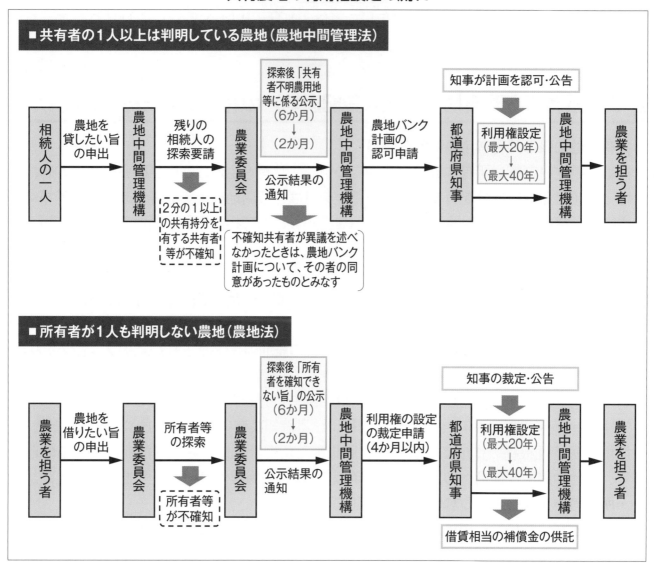

■ 共有者の1人以上は判明している農地（農地中間管理法）

相続人の一人 → 農地を貸したい旨の申出 → 農地中間管理機構 → 残りの相続人の探索要請 → 農業委員会 → 公示結果の通知 → 農地中間管理機構 → 農地バンク計画の認可申請 → 都道府県知事 → 農地中間管理機構 → 農業を担う者

2分の1以上の共有持分を有する共有者等が不確知

探索後「共有者不明農用地等に係る公示」（6か月）→（2か月）

不確知共有者が異議を述べなかったときは、農地バンク計画について、その者の同意があったものとみなす

知事が計画を認可・公告

利用権設定（最大20年）→（最大40年）

■ 所有者が1人も判明しない農地（農地法）

農業を担う者 → 農地を借りたい旨の申出 → 農業委員会 → 所有者等の探索 → 農業委員会 → 公示結果の通知 → 農地中間管理機構 → 利用権の設定の裁定申請（4か月以内）→ 都道府県知事 → 農地中間管理機構 → 農業を担う者

所有者等が不確知

探索後「所有者を確知できない旨」の公示（6か月）→（2か月）

知事の裁定・公告

利用権設定（最大20年）→（最大40年）

借賃相当の補償金の供託

18

4 農地所有適格法人制度

1）農地所有適格法人の要件（農地法第2条第3項）

農地所有適格法人の要件の審査は農地法第3条の許可申請や農用地利用集積等促進計画作成の時点で行われます。

 農委の業務　農業委員会は総会または部会で、農地所有適格法人の要件（法人形態要件、事業要件、議決権要件、役員要件）を満たしているか否かを確認するとともに、農地の受け手としての要件（8ページ参照）を満たしているか否かを審議し、農地法第3条許可申請の許可・不許可を決定します。

また、農地所有適格法人が、継続して要件を満たしているか、毎年、農業委員会が確認します（21ページ参照）。

（1）法人形態要件（農地法第2条第3項本文）

・農事組合法人　・株式会社〔公開会社でないもの[※]に限る〕　・合名会社　・合資会社　・合同会社
のいずれかであること。

※発行する株式の全てについて、譲渡により取得する場合には、株式会社の承認を要する旨を定款に定めている会社をいいます。

（2）事業要件（農地法第2条第3項第1号）

法人の主たる事業が、農業とその農業に関連する事業であること。

 農委の着眼点　「法人の主たる事業」が農業とその農業に関連する事業であるか否かの判断基準は？

①既存の農地所有適格法人が農地等を取得する場合

直近3カ年（異常気象等により農業の売上高が著しく低下した年が含まれる場合は、当該年を除いた3カ年）の農業と関連事業の合計売上高が、当該3カ年の法人の売上高の過半を占めていること。

②新規の法人設立、既存の法人が農業参入する場合

これから3カ年の販売計画で、農業と関連事業の合計売上高が、今後3カ年の法人の売上高の過半を占めること。

〈農地所有適格法人の事業要件〉

★農　　業　耕作、養畜、養蚕、養蜂等
★その農業に関連する事業
①自己の生産した農畜産物（他から購入したものを加えることも可能）を原料又は材料として使用する製造又は加工
②自己の生産した農畜産物、林産物、その生産・加工に伴い副次的に得られた物品（動植物由来でエネルギー源として利用できるものに限る）を原料（他から購入した物品を併せて用いる場合も含む）として製造した燃料を用いた電気又は熱の供給
③自己の生産した農畜産物（他から購入したものを加えることも可能）の貯蔵・運搬・販売
④農業生産に必要な資材の製造
⑤農作業の受託
⑥農業と併せ行う林業
⑦農事組合法人が行う共同利用施設の設置又は農作業の共同化事業（ライスセンター設置運営や水稲共同防除等）
⑧農山漁村余暇法に規定する滞在型余暇活動を行うための施設の設置、運営等（農林漁業体験民宿等）
⑨営農型発電設備又は農作物栽培高度化施設（5ページ参照）に設置した太陽光発電設備による電気の供給

（以上：3カ年の売上高の過半）

★その他の事業　（例）民宿、キャンプ場、造園業、除雪作業等

（注）農事組合法人は農業協同組合法の規定により、農業と関連事業しか行えないなど、事業に制限があります。

（3）議決権要件（農地法第2条第3項第2号）

誰でも農地所有適格法人の構成員となれます。ただし、その法人の総議決権又は総社員の過半は、①農地の権利提供者、②その法人の農業の常時従事者（原則として年間150日以上従事）、③基幹的な農作業を委託した個人、④地方公共団体、農協、農地中間管理機構等である必要があります。

〈農業関係者〉総議決権の1／2超

- 農地の権利を提供した個人
- 法人の農業の常時従事者
- 基幹的な農作業を委託した個人
- 農地中間管理機構を通じて法人に農地を貸し付けている個人
- 農地を現物出資した農地中間管理機構
- 農林漁業法人等投資育成事業を行う承認会社（投資円滑化法第10条）
- 地方公共団体・農業協同組合・農業協同組合連合会

特　例

市町村等の認定を受けた農業経営改善計画に基づいて出資した関連事業者等（農業経営基盤強化促進法第14条の2第1項、施行規則第14条第1項第2号）
- 農業内部（耕作又は養畜の事業を行う個人又は農地所有適格法人）：制限なし
- 農外の者（上記以外の者、食品加工業者等）：総議決権の2分の1未満

〈農業関係者以外〉総議決権の1／2未満

たとえば
- 食品加工業者
- 種苗会社
- 生協、スーパー
- 銀行
- 農産物運送業者
- 一般の企業や個人など誰でも

（4）役員要件（農地法第2条第3項第3号、4号）

ア　農地所有適格法人の理事等の過半は法人の農業（関連事業を含む）に常時従事（原則年間150日以上（施行規則第9条））する構成員であること。

> **特例**
>
> 認定農業者である農地所有適格法人に常時従事する理事等は、出資先の農地所有適格法人が認定を受けた農業経営改善計画に基づいて当該法人の農業に年間30日以上従事することで出資先法人の役員を兼務することが可能（農業経営基盤強化促進法第14条の2第2項）。

イ　その法人の理事等又は法人の農業について権限と責任を有する使用人のうち1人以上の者が法人の農作業に従事（原則年間60日以上（施行規則第8条））すること。

農委の着眼点

①アの「農業（関連事業を含む）」とは？

・耕作、養畜等の他、その業務に必要な肥料等の購入、生産物の選別、包装、販売等が農業に該当します。また、関連事業としては、その法人の行う農業に関する事業が該当します（事務処理基準第1（4）③）

②イの「農作業」とは？

耕うん、整地、播種、施肥、病虫害防除、刈取り、水の管理、給餌、敷わらの取替え等耕作または養畜の事業に直接必要な作業をいいます（事務処理基準第1（4）⑭）。

2）農地所有適格法人の要件確認、指導等（農地法第6条）

（1）農地所有適格法人からの報告書の徴収および整理

農業委員会は農地所有適格法人の要件を満たしているかどうかを的確に把握するため、当該法人から毎事業年度終了後3カ月以内に事業の状況等について報告書を徴収します（農地法第6条第1項、施行規則第58条）。

農地所有適格法人がこの毎年の報告をせず、または虚偽の報告をした場合には、30万円以下の過料に処せられます（農地法第68条）。

（2）農地所有適格法人要件確認書の取りまとめ

① 農地所有適格法人が各要件を満たしているかどうか、満たさなくなるおそれがないかを確認するため、農地所有適格法人要件確認書（事務処理要領　別紙1様式例第5号の3）を取りまとめ、農業委員会に備え付けておく必要があります（事務処理要領第5・2）。

② 農業委員会は、日常業務等を通じて得た情報を農地所有適格法人確認書に取りまとめます（事務処理要領第5・2）。

（3）総会（部会）における報告・審議

　　農地所有適格法人からの報告書の内容に基づき、事務局が総会または部会に報告するとともに、各要件を満たしているか否かの審議を行います。

（4）農地所有適格法人に対する勧告および農地の譲渡しのあっせん

　　農地所有適格法人の要件を充足しない、またはそのおそれのある法人に対して、農業委員会が必要な措置をとるべきことの勧告（農地法第6条第2項、事務処理要領　別紙1様式例第6号）を行います。勧告を行うか否かは総会または部会で審議・決定します。

　　勧告をする場合は、所有権の譲渡しのあっせんの申出の意思があるかどうかを確認します。あっせんの申出があったときは、農業委員会はあっせん（農地法第6条第3項）に努めます。

（5）農地所有適格法人への立ち入り調査

　　国が買収すべき農地等の認定を行うため、必要があるときには農業委員、農地利用最適化推進委員又は職員が農地所有適格法人の事務所等への立ち入り調査を行い、農業委員会会長に報告します（農地法第14条、事務処理要領第8）。

5 農地転用許可制度

1）農地転用許可制度（農地法第4条・第5条）

　農地を転用しようとする者は、農業委員会を経由して、都道府県知事又は農林水産大臣が指定する市町村（指定市町村）の長の許可（転用面積が4haを超える場合は農林水産大臣との協議が必要となります）を受ける必要があります。ただし、市街化区域内農地を転用する場合は、あらかじめ農業委員会に届け出ることで許可は不要となります（法第4条第1項第7号、第5条第1項6号）。

> **キーワード　指定市町村**
>
> 　農地転用許可制度を適正に運用し、優良農地を確保する目標を立てるなどの要件を満たしているものとして、農林水産大臣が指定する市町村をいいます。農地転用許可制度において、都道府県と同様の権限を有することとなります。

●農地転用許可制度の目的
　食料の安定供給の基盤である優良農地を確保するため、農地の優良性や周辺の土地利用状況等により農地を区分し、農地転用を農業上の利用に支障が少ない農地に誘導すること。

①市街化区域外
■ 原則

　　農業委員会が許可申請書を受理したのち、許可申請に対する意見具申について総会または部会で審議の上、許可相当・不許可相当の意見を決定し、都道府県知事又は指定市町村の長に当該申請書に意見を付して送付します。

　　なお、農業委員会は、30a超の転用案件の場合は意見具申に先立って、都道府県農業委員会ネットワーク機構に意見聴取を行います。

■ 農業委員会が農地転用の許可権限の事務委任を受けている場合

　　農業委員会が許可申請書を受理したのち、総会または部会で審議の上、30a超の転用案件の場合は都道府県農業ネットワーク機構への意見聴取を行い、回答を得た上で許可・不許可を決定します。

②市街化区域内
　農業委員会が届出書を受理します。

| | **キーワード** | **農地転用** |

農地を、住宅や工場等の建物、資材置場、駐車場、再生可能エネルギー設備、山林等、農地以外の用地に転換することを農地転用といいます。また、一時的に資材置場や砂利採取場等に利用する場合も転用（一時転用という）になります。なお、農地に「農作物栽培高度化施設」（5ページ参照）を設置した場合は農地転用に該当しません（農地法第43条）。

2）農地転用の手続き

（1）第4条転用と第5条転用

農地の転用には、次の2通りがあります。

① 農地の権利移動を伴わない転用（農地法第4条）
② 農地の権利移動を伴う転用（農地法第5条）

農地法	許可が必要な場合	許可申請者	許可権者
第4条	農地を転用する場合	転用を行う者 （農地所有者等）	都道府県知事 又は指定市町村の長
第5条	農地、採草放牧地を 転用するため売買等を行う場合	売主又は貸主（農地所有者）と 買主又は借主（転用事業者）	

（注）4haを超える農地の転用を都道府県知事等が許可しようとする場合には、あらかじめ農林水産大臣に協議することとされています。

（2）手続きの流れ

農業委員会を経由して都道府県知事又は指定市町村の長に許可申請書を提出します。

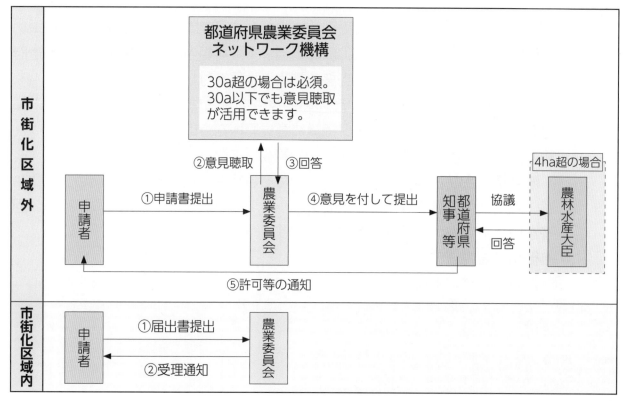

3）許可の要件

　農地転用の許可要件には立地基準と一般基準があります（※以下、根拠条文は農地法第4条のみ記載します）。

❶ 立地基準（農地法第4条第6項第1号イ、ロ、第2号）

　農地を営農条件および市街地化の状況から見て、5種類に区分し、農業生産への影響の少ない第3種農地等へ転用を誘導することを目的とした基準です（26～27ページ参照）。

 転用候補地の農地区分（立地基準）を判断します。

 申請地の農地区分の判断は？
　付近状況図、現地調査、土地改良事業受益の有無、農用地区域内かどうか等により判断します。

❷ 一般基準（農地法第4条第6項第3号、第4号、第5号、第6号）

　許可申請の内容について、申請目的実現の確実性（土地の造成だけを行う転用は、市町村が行うもの等を除き不許可）、被害防除措置等について適当であるかを判断する基準です（下記参照）。

 次の観点から転用の確実性、周辺農地への被害防除措置等を判断します。
①　農地を転用し、申請した用途に利用することが確実と認められるかどうか（他法令の許認可等の見込み、資金計画の妥当性等）。
　　なお、住宅の用に供する土地の造成（その処分を含む）のみを目的とする農地転用は、原則認められていませんが、土地と建物を一体的に売却（いわゆる建売）する場合や建築条件付売買予定地で一定の要件を満たす場合には認められています。
②　周辺の農地の営農条件に支障が生じるおそれがあると認められるかどうか（土砂の流出等の災害発生のおそれ、農業用用排水の機能障害等）。
③　地域の農地の農業上の効率的・総合的な利用の確保に支障を生ずるおそれがあると認められるかどうか（地域計画の達成に支障がある等）
④　仮設工作物の設置その他の一時的な利用については、その利用後に当該土地が農地として利用できる状態に回復されるかどうか等。

農地の状況

生産性の高い優良農地

小集団の未整備農地

市街地近郊農地

市街地の農地

農地区分

農用地区域内農地
市町村が定める農業振興地域整備計画において農用地区域とされた区域内の農地

甲種農地
市街化調整区域内の
- 農業公共投資後8年以内農地
- 集団農地で高性能農業機械での営農可能農地

第1種農地
- 集団農地（10ha以上）
- 農業公共投資対象農地
- 生産力の高い農地

第2種農地
- 市街地として発展する可能性のある区域内の農地
- 農業公共投資の対象となっていない小集団の生産力の低い農地

第3種農地
- 都市的整備がされた区域内の農地
- 市街地にある区域内の農地
- 都市計画法の用途地域内の農地

農業上の利用に支障が少ない農地へ誘導

許可の方針

立地基準	一般基準

原則不許可

例外許可
- 土地収用事業に供する施設
- 農振法に規定する農用地利用計画に指定された用途に供する施設
- 仮設工作物の設置その他の一時的な利用（3年以内）に供する場合

原則不許可

例外許可
- 農業用施設、農産物加工・販売施設
- 土地収用事業の認定を受けた施設
- 集落接続の住宅等（500㎡以内）（甲種農地・第1種農地以外の土地に立地困難な場合）
- 地域の農業の振興に関する地方公共団体の計画に基づく施設　等

原則不許可

例外許可
- 農業用施設、農産物加工・販売施設
- 土地収用の対象となる施設
- 集落接続の住宅等（甲種農地・第1種農地以外の土地に立地困難な場合）
- 地域の農業の振興に関する地方公共団体の計画に基づく施設　等

第3種農地に立地困難な場合等に許可

原則許可

一般基準

次に該当する場合不許可

○転用の確実性が認められない場合
- 必要な資力及び信用があると認められない場合
- 他法令の許認可の見込みがない場合
- 関係権利者の同意がない場合　等

○周辺農地への被害防除措置が適切でない場合

○地域の農地の農業上の効率的・総合的な利用に支障がある場合
- 地域計画の達成に支障を及ぼす場合

○一時転用の場合に農地への原状回復が確実と認められない場合

許可権者

- 都道府県知事
- 農林水産大臣が指定する市町村（指定市町村）の長（4ha超は農林水産大臣に協議）
※市街化区域内は、農業委員会への届出で転用可能

許可不要

- 耕作者が所有する農地に2a未満の農業用施設を設置する場合
- 国・都道府県・指定市町村が行う場合（学校、社会福祉施設、病院、庁舎及び宿舎を除く）
- 土地収用される場合
- 農地中間管理法による場合
- 市町村（指定市町村を除く）が土地収用法対象事業のため転用する場合（学校、社会福祉施設、病院及び庁舎を除く）等

法定協議制度

国・都道府県・指定市町村が学校、社会福祉施設、病院、庁舎及び宿舎を設置しようとする場合、転用許可権者と協議が成立すれば許可があったものとみなされる。

●**標準的な事務処理期間内に対応（事務処理要領 別表1）**

　農業委員会は、原則として申請書の受理後3週間以内に、意見を決定のうえ、意見書を作成し、申請書に添付して都道府県知事に送付します。

各機関別の標準的な事務処理期間

	農業委員会による意見書の送付	都道府県知事等による許可等の処分又は協議書の送付	地方農政局長等による協議に対する回答の通知
都道府県知事等の許可に関する事案（農業委員会が都道府県農業委員会ネットワーク機構に意見を聴かない事案）	申請書の受理後3週間（第4の1の(4)のア）	申請書および意見書の受理後2週間（第4の1の(5)のア）	
都道府県知事等の許可に関する事案（農業委員会が都道府県農業委員会ネットワーク機構に意見を聴く事案）	申請書の受理後4週間（第4の1の(4)のア）	申請書および意見書の受理後2週間（第4の1の(5)のア）	
うち農地法附則第2項の農林水産大臣への協議を要する事案	申請書の受理後4週間（第4の1の(4)のア）	（協議書の送付）申請書および意見書の受理後1週間（第4の3の(1)のア） （許可等の処分）申請書および意見書の受理後2週間（第4の3の(1)のイ）	協議書受理後1週間（第4の3の(2)）

4) 違反転用に対する処分

　許可を受けないで農地を転用した場合や、転用許可に係る事業計画どおりに転用していない場合には、農地法に違反することとなり、工事の停止や原状回復等の措置の命令や罰則の適用もあります（農地法第51条、第64条、第67条）。

　また、農業委員会は、必要があると認めるときは、都道府県知事又は指定市町村の長に対し、違反転用に対する命令その他必要な措置を講ずべきことを要請することができます（農地法第52条の4）。

罰則の規定

事　項	内　容
違反転用	3年以下の懲役または300万円以下の罰金（法人は1億円以下の罰金）
違反転用における原状回復命令違反	3年以下の懲役または300万円以下の罰金（法人は1億円以下の罰金）

農委の業務　農業委員会は、違反転用を知ったときは、速やかに事情を調査し、遅滞なく報告書を都道府県知事又は指定市町村の長に提出します。その後、都道府県知事等から処分等の通知があったときは、処分等が遵守、履行されるよう、違反転用者を指導します（事務処理要領第4・6）。

6 農地の利用状況調査等の遊休農地に関する措置

1）農地の利用状況調査と遊休農地に関する措置

　農業委員会は、毎年１回地域内の全農地の利用状況を調査し、「遊休農地」と「遊休化のおそれのある農地」を把握した場合は、その所有者等を対象に「利用意向調査」等を行います。

　最終的に農地中間管理機構等を活用して遊休農地の有効利用につなげるまでの手続きを農業委員会が中心となって行います（農地法第30条〜第42条）。

遊休農地等に関する措置の流れ（農地法）

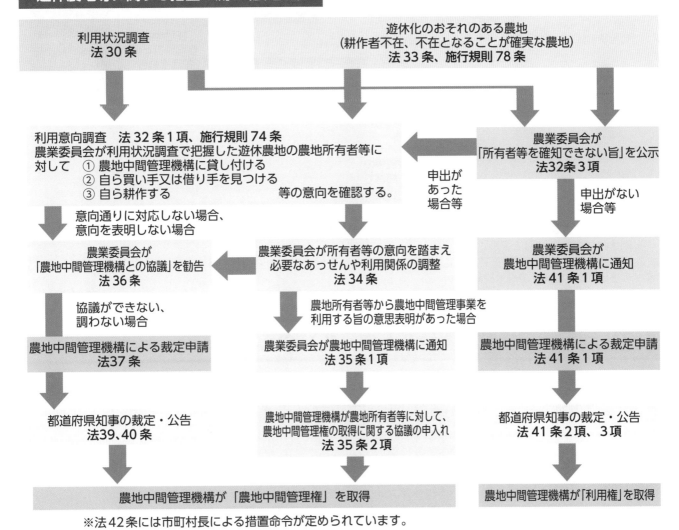

※法42条には市町村長による措置命令が定められています。

キーワード　農地中間管理機構

　農地中間管理機構は、担い手への農地集積・集約化を推進し、農地の有効利用の継続や農業経営の効率化を進めるために、都道府県に一つ設置されます。

　農地中間管理機構は、①農地を借受け、②必要に応じて借り受けた農地の利用条件を整備したうえで、③農地を集約化して担い手に貸付けます。

キーワード	遊休農地

農地法第32条第1項1号、2号において、①現に耕作の目的に供されておらず、かつ、引き続き耕作の目的に供されないと見込まれる農地（**1号遊休農地**)、②その農業上の利用の程度が周辺の地域における農地の利用の程度に比し著しく劣っていると認められる農地（**2号遊休農地**)、と定義されています。

遊休農地に関する措置の流れ

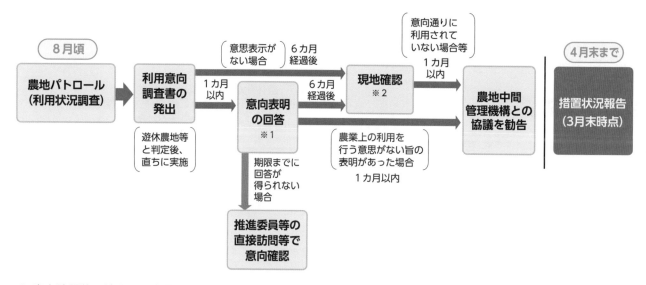

※1 意向確認後、速やかに必要なあっせんや農地利用調整活動を実施。農地中間管理機構を利用したいという意向が表明された場合は機構に通知
※2 現地確認は、利用意向調査で「農業上の利用の増進を図る旨の意思の表明があった農地」または「所有者等から意思の表明がない農地」の現地確認

2) 利用状況調査（農地パトロール）の実施

　毎年8月頃に、管内の全ての農地について実施します。農地台帳と地図を用意し、前年把握した遊休農地が解消されているか、新たに遊休化した農地はないか等を確認します。

（1）利用状況調査の進め方

事前準備

〈**体制**〉地区担当の農業委員と農地利用最適化推進委員、事務局に加え、必要に応じて市町村の関係部局、地域農業に精通した者、農業団体等の協力を得て実施します。

〈**地図等の用意**〉現地確認で携行する地図や、これまで実施した調査結果等を用意します。

〈**目に見える活動の実践**〉

・「農地パトロール4点セット」（キャップ、腕章、ゼッケン、自動車用マグネット板）や農地パトロールポロシャツ、関連するリーフレット等を用意すると効果的です。

・地元マスコミ等に取材を要請し、「農業委員会だより」や広報誌等でも周知に努めます。

農委の業務

現況の確認 遊休化や違反転用している場合には、当該農地等の状況をさらに詳しく確認し、写真を撮り、地図等に記録します。

活動の記録 活動の結果は、「農業委員会活動記録セット」（全国農業図書）などの「活動記録簿」に、確実に記録します。

農委の着眼点

こんなことを確認します

① 遊休農地の把握

② 利用意向調査で示された意思どおりに、利用の増進が図られているかの確認

③ 農地法の許可（届出）案件の履行状況の確認

④ 農地中間管理事業による利用権設定等農地の利用状況の確認

（2）新しくなった利用状況調査（令和３年度～）

これまで農業委員会が行う利用状況調査と巾町村部局が行う荒廃農地調査は並行して実施されていましたが、令和３年度から両調査が統合され、利用状況調査の内容が新しくなりました。

利用状況調査で新たに確認する項目

１筆ごとに遊休農地の「現況」や「発生場所」を確認します。

現況については、傾斜度や面積など明確な基準は設けられていないため、遊休化の背景として該当するものを地域の状況等を踏まえて確認者の判断で選択します。発生場所については、山間、平地など４つの分類から選択します。

（1）遊休農地などの現況	（2）遊休農地などの発生場所
1．傾斜地 2．不整形地 3．狭小地 4．湿田 5．囲繞地（接道がない） 6．連坦が困難 7．その他（上記１～６以外の事由で遊休農地などになりうる現況を有する） 8．遊休農地などになりうる現況ではない	1．山間（山の中の地域） 2．平地（起伏が極めて小さく、ほとんど平らで広く低い地域） 3．山麓（山と平地の境目、山のふもと） 4．崖地（急斜面の土地）

利用状況調査で確認する遊休農地等の区分

　令和２年度までは遊休農地等を４つに分類していましたが、１号遊休農地を荒れ具合に応じて２つに区分することで、新たに５分類になりました。

遊休農地等の新たな分類	参考 荒廃農地調査 （廃止）	遊休農地等の判定事例
┄令和3年度から荒れ具合に応じて区分┄ ①１号遊休農地のうち、草刈り等で直ちに耕作可能となる農地（緑区分） ②１号遊休農地のうち、草刈り等では直ちに耕作することはできないが、基盤整備事業の実施など農業的利用を図るための条件整備が必要となる農地（黄区分）	「A分類」と同義	①緑区分 ・利用されておらず、荒廃度が低度（トラクター等で耕起すればすぐ利用可能）の農地 ・一年生の雑草繁茂、多年生雑草繁茂の状態 ・1m未満の低木が数本程度存在するもの ②黄区分 ・利用されておらず、荒廃度が中度（トラクター等のみですぐ耕起できない状態だが重機と併用なら可能）の農地 ・人の背丈以上に生育した雑木があるもの
③２号遊休農地 ④耕作者が不在又は不在となることが確実な農地（農地法第33条）		⑤再生利用が困難な農地 ・利用されておらず、荒廃度が重度（重機を使用しなければ到底復旧できない、または農地としての価値がない） ・林野化しており農地に復元するのがかなり困難なもの ・植林された庭木が生長し、管理がされていないもの
⑤再生利用が困難な農地	「B分類」と同義	

（３）調査結果の整理・非農地判断

　農地の利用状況調査終了後、参加者による報告・検討会を開催し、現状と課題を整理します。また、森林の様相を呈するなど、農業上の利用が見込めない場合は調査後直ちに非農地判断を行い、農地台帳上の現況地目を「山林」「原野」等に変更します。

3）遊休農地等の所有者等に対する利用意向調査等

（１）対象農地

　次のような農地については、農業委員会は農地の所有者等に対し、利用意向調査を実施します（農地法第32条）。

　　①　１年以上にわたり農作物の作付けが行われておらず、かつ、今後も農地所有者等の農地の維持管理（草刈り、耕起等）状態や農業経営に関する意向等からみて、農作物の栽培が行われる見込みがない農地（**１号遊休農地**）

　　②　農作物の栽培は行われているが、周辺の同種の農地において通常行われる栽培方法と比較して、その程度が著しく劣っている農地（**２号遊休農地**）

　また、耕作者不在の農地や不在となることが確実な農地がある場合についても、農業委員会が利用意向調査を実施します（農地法第33条、施行規則第78条）。

　なお、令和３年度からこれまで調査の対象外とされていた「農地中間管理機構が農業上の利用の増進を図ることができないと判断した遊休農地」も利用意向調査の対象となりました。

●遊休農地の所有者が不明の場合の対応

登記簿や固定資産課税台帳などで当該農地の所有者等とされる者が、

① その居所を住民基本台帳との突合、地域代表者など関係者への聞き取り等により確認すること、

② 死亡している場合は、相続人(配偶者または子)の所在を住民基本台帳との突合、地域代表者など関係者への聞き取り等により確認すること、

によっても不明であった場合、農業委員会が「所有者を確知できない旨の公示」を行うことで、農地中間管理機構による農地の貸し付けが可能となります。

(2) 利用意向調査の方法

利用意向調査は**遊休農地等と判定した後、直ちに**実施します。

(1)の①、②に該当する農地の所有者や耕作者不在の農地の所有者等に対して、農業委員会が利用意向調査を書面(定められた様式)にて実施します(農地法第32～33条)。

回答期限は調査から1か月以内の範囲で設定し、期限までに回答が得られない所有者等に対しては、推進委員等は直接訪問等により確実に農業上の利用の意向を確認します。

利用意向の選択肢は?

ア 農地中間管理機構に農地を貸し付ける

イ 自ら買い手又は借り手を探して貸し付ける

ウ 自ら耕作する

エ その他(農業委員会によるあっせんを希望する等)

(3) 利用意向調査の結果を踏まえ、農地中間管理機構の活用へ

利用意向に基づく対応

利用意向調査により、「農地中間管理機構への農地の貸し付け」を希望する場合は、農業委員会はその旨を農地中間管理機構に通知します(農地法第35条)。また、農地所有者等の意思や地域の営農計画等を勘案しつつ、農業委員会は速やかに必要なあっせんや利用調整を行います(農地法第34条、運用通知第3・5)。

利用意向どおりに対応しない等の場合の対応

「利用意向どおりに対応しない」「意向の表明がない」場合等については、農業委員会が農地所有者等に対して「農地中間管理機構による農地中間管理権の取得について、農地中間管理機構と協議すべきこと」を勧告します(農地法第36条第1項)。

具体的には次のとおりになります。

●利用意向調査を実施した農地について

①農業上の利用の増進を図る旨の意思表明があった場合は…

意思表明から６か月経過後速やかに現地確認を実施するとともに、必要に応じて農地台帳等で権利設定等の状況を確認した上で、表明された意思のとおり農地利用がなされていない場合は、現地確認から１か月以内に勧告します。

②６か月を経過しても所有者等から意思の表明がない場合は…

　　利用意向調査書の発出から６か月経過後速やかに現地確認を実施した上で、１か月以内に勧告します。

③農業上の利用を行う意思がない旨の表明があった場合は…

　　意思表明から１か月以内に勧告します。

ただし、次の場合は除きます。

　・農業振興地域内にない農地
　・農地中間管理機構が借受基準に適合しないと通知してきた農地
　・所有者等が農地中間管理機構に貸し付ける意思を表明し、それが継続している農地

※相続税、贈与税の納税猶予を受けている農地については、上記の場合であっても勧告を行います。

　勧告対象となった農地については、年末までに解消あるいは農地中間管理機構に貸し付け等されないと、固定資産税が1.8倍になります。

7 農地の賃貸借の解約等

1）農地の賃貸借等を解約する場合の許可制度（農地法第 18 条）

　農地または採草放牧地の賃貸借の当事者が農地等の賃貸借の解除や解約の申入れ等をする場合は、都道府県知事の許可を受けなければいけません。

 農委の業務　農地賃貸借の解約等の許可申請書は農業委員会で受付し、総会または部会で審議のうえ、許可・不許可についての意見を決定します。
　　決定にもとづいて、農業委員会の意見書を作成し、都道府県知事に送付します。
（許可申請書の提出から意見書の知事送付までの標準処理期間は40日以内、施行規則第65条の２）

2）許可の対象

〈許可の対象〉
・農地等の賃貸借の解除　・解約の申し入れ　・合意による解約　・更新拒絶の通知
〈許可不要の場合〉（法第18条第１項）
・合意による解約（土地引き渡し前６ヵ月以内の書面上明らかなもの）
・10年以上の期間の定めのある賃貸借（解約をする権利を留保しているもの等は除く）の更新拒絶の通知
・水田裏作を目的とする賃貸借について更新拒絶の通知を行う場合　等

3）許可の判断基準

　下記のいずれかに該当する場合に許可されます。（農地法第18条第２項）
　①賃借人が信義に反した行為をした場合
　②農地等を転用することが相当な場合
　③賃貸人の自作を相当とする場合
　④遊休農地等の賃借人が農業委員会から機構との協議勧告をうけた場合
　⑤農地所有適格法人の要件を欠いた法人から貸付地の返還をうける場合
　⑥その他正当な事由がある場合
　　　①～⑤の場合以外であって、例えば賃借人から解除する場合、賃借人が離農する場合、農地を適正かつ効率的に利用していない場合等解約を認めることが相当の場合

 農委の着眼点　**賃借人が信義に反した行為をした場合とは？**
　　　・賃借人が、催告を受けたにもかかわらず借賃を支払わない場合
　　　・賃貸人に無断で他に転貸したり農地以外に転用した場合
　　　・特別の事由もなしに不耕作としている場合　等
　→上記のような、所有者に従来どおりの賃借関係を継続させることが客観的にみて無理であると認められるような場合（事務処理基準第９・２（１））。

8 農地の権利関係の調整等

■ 1）賃借人の保護など農地の賃貸借関係に関する制度

（1）対抗力の付与

　農地等の賃貸借は、登記がなくても引き渡しを受ければ、その後、所有権等の物権を取得した第三者に対抗することができます（農地法第16条）。

（2）法定更新

　期間の定めのある農地の賃貸借において、期間満了の１年前から６カ月前までに、更新しない旨の通知（知事の許可が必要）をしなければ、従前と同一条件で、さらに賃貸借したものとみなされます（農地法第17条）。

　この場合の「同一条件」には、特約がない限り期間は含まないものと解され、更新後の賃貸借は期間の定めがない賃貸借として存続することとなります（昭和35年７月８日最高裁判決）。

（3）解約等の制限

　農地の賃貸借について解約等を求める場合には、原則として都道府県知事の許可が必要です（農地法第18条、詳しくは35ページ）。

（4）賃貸借の存続期間

　農地等の賃貸借の存続期間の上限は、民法第604条の定めに従い50年まで可能となっています。

■ 2）賃借料情報の提供

　農業委員会は、実際に締結されている賃借料に関するデータを収集し、各地域ごとに、農地の種類別、ほ場整備の実施状況別、地帯別などの区分を行い、区分ごとに最高額、最低額、平均額を算出し、広報誌、インターネット等を活用し、幅広く情報提供します（農地法第52条、運用通知第５（１））。

9 和解の仲介

1）和解の仲介制度（農地法第 25 条）

　農業委員会は、農地または採草放牧地の利用関係の紛争について、農林水産省令で定める手続きに従い、当事者の双方又は一方から和解の仲介の申し立てがあったときは、和解の仲介を行います。

　ただし、農業委員会が、その紛争について和解の仲介を行うことが困難または不適当であると認めるときは、申し立てをした者の同意を得て、都道府県知事に和解の仲介を行うべき旨の申し出をすることができます（農地法第25条第1項）。

　こうした農地に関わる紛争を解決する方策として、和解の仲介以外に、民事訴訟、農事調停があります。

2）和解の仲介の手続き

　農業委員会の会長は、農業委員のうちから事件ごとに3人の仲介委員を指名します（農地法第25条第2項）。

　指名された仲介委員は、紛争の実情を詳細に調査し、事件が公正に解決されるように努めなければなりません（農地法第27条）。和解が成立した場合は、和解調書を作成します。この和解調書は民法の和解の効力が生じます。

　なお、仲介委員は合意が成立する見込みがないと認められる場合は、仲介を打ち切ることができます（施行令第25条第2項）。

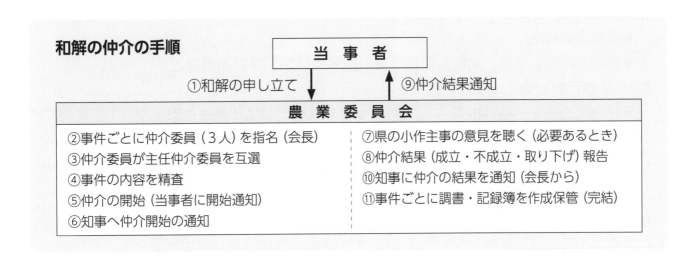

和解の仲介の手順

当 事 者

①和解の申し立て　　　⑨仲介結果通知

農 業 委 員 会

②事件ごとに仲介委員（3人）を指名（会長）　　⑦県の小作主事の意見を聴く（必要あるとき）
③仲介委員が主任仲介委員を互選　　　　　　　⑧仲介結果（成立・不成立・取り下げ）報告
④事件の内容を精査　　　　　　　　　　　　　⑩知事に仲介の結果を通知（会長から）
⑤仲介の開始（当事者に開始通知）　　　　　　⑪事件ごとに調書・記録簿を作成保管（完結）
⑥知事へ仲介開始の通知

10 農地台帳・地図の整備と公表

1）農地台帳の性格

　農地台帳は、平成25年12月の農地法改正により、農業委員会の所掌事務を的確に行うために作成するものとして、全ての農業委員会で備えることが法律上規定されています。

　農地の権利移動の許認可、各種証明書の発行といった農業委員会専属事務の執行はもとより、各機関と連携して取り組む遊休農地の把握・解消活動や担い手への農地利用集積などの農地利用最適化業務に活用する、農地に関する情報の基本となるものです。

　また、従来の農地基本台帳は原則非公開とされていましたが、農地法改正で農地台帳として法定化されたことにより、平成27年４月から農地に関する地図とともにインターネットの利用その他の方法により公表されています。

2）農地台帳と地図の作成

　農地台帳はその全部を磁気ディスクをもって調製することとされ、管内の農地一筆ごとに農地法条文と政省令、運用通知等で定められた事項を記載することとされています。

　農地法第52条の２第３項において、農地台帳の正確な記録の確保が農業委員会の努力義務として規定されており、権利移転の情報や各種調査の結果は、随時農地台帳に記録します。また、農地法施行規則第102条において、固定資産課税台帳・住民基本台帳と毎年１回以上データ照合を行うことが義務づけられていますので、関係部局と調整して正確な農地情報を把握します。

　さらに、農地に関する情報の活用推進のため、農地に関する地図も作成することとされています。

〈農地台帳の管理項目〉
【農地法第52条の２】
　　●所有者の氏名
　　●農地の所在、地番、地目、面積、賃借権等の種類、存続期間など
【農地法施行規則第101条】
　　●耕作者の氏名、整理番号　　　　●権利移動に係る手続きの根拠法
　　●遊休農地の措置の実施状況　　　●所有者の意向
　　●農地の用途区分　　　　　　　　●納税猶予の適用状況
　　●農地中間管理権の状況　　　　　●その他必要な事項
【農地法運用通知第６】
　　●現況地目、現況面積　　　　　　●10a あたりに換算した借賃額
　　●共有農地における共有者の情報

3）インターネット等による公表

　農地台帳および地図情報は、経営規模の拡大や新規参入を希望する「農地の受け手」に広く情報を発信し、農地の集積・集約化を図ること等を目的として、農地法第52条の3によりインターネットの利用その他の方法により広く公表します。

　ただし、個人の権利を害する項目は非公表とされており、①インターネット等で公表するもの（農林水産省が管理する「eMAFF 農地ナビ」で全国一元的に実施しています）、②農業委員会の窓口で閲覧によって公表するもの、③非公表のものに分類されています。

これまでの農地制度の移り変わり

昭和21年〜

農地改革＝自作農創設	◎自作農創設特別措置法の制定（昭和21年） ◎農地調整法の改正（昭和21年）

●農地改革により174万町歩の農地が買収され、所管換え農地を含む193万町歩の農地が解放されました（昭和25年8月1日現在）。これにより、改革前には46%であった小作地率は10%未満となりました。

この改革によって、地主的土地所有制度は解体し、広範な自作農層が創設され、戦後の民主化の基礎が築かれました。

昭和27年〜

所有権移動が主流	◎農地法の制定（昭和27年）　◎農業基本法の制定（昭和36年） ◎農地法の改正（昭和37年）

●農地法の制定

農地改革の成果を恒久的に維持することを目的とし、戦前から戦後にかけて発展してきた農地移動制限および農地転用制度などの立法を集大成し、体系的な法律としました。その目的は、「耕作者が所有することを促進する」ことです。

●農業生産法人制度の創設

昭和37年の改正で農業生産法人制度が創設されました。

昭和45年〜

貸借による 規模拡大への転換	◎農地法の改正（昭和45年）　◎農振法の改正（昭和50年） ◎農用地利用増進法の制定（昭和55年） ◎〈農振法の制定（昭和44年）＝優良農地の確保〉

●農地法の改正

借地による規模拡大の途を拡充し、借地も含めて経営規模の拡大を推進して農地の効率的な利用を促進することとしました。

●農用地利用増進事業の創設と農用地利用増進法の制定

農振法の改正で、市町村が主体となって集団的な利用権を設定する事業を行い、それによって設定された利用権は、農地法の法定更新がなく期間の満了によって当然に終了する等、貸し手の抵抗感を緩和し農地を貸しやすくする仕組みを設けました。

この手法は、農用地利用増進法により大幅に拡充され、農地流動化に加え、農業上の土地の有効利用を促進するための制度に発展しました。

平成5年〜

担い手の明確化と 利用集積の加速化	◎農業経営基盤強化促進法に改名・拡充（平成5年） ◎農業経営基盤強化促進法の改正（平成15年・17年）

●農業経営基盤強化促進法に改名・拡充

地域における育成すべき多様な農業経営の目標を明確化するとともに、その目標に向けて農業経営を改善する者に対する農用地の利用集積、経営管理の合理化など、農業経営基盤の強化を促進することとしました。

●農業経営基盤強化促進法の改正により、一般の企業等がリース方式によって、農用地の利用を可能とする特定法人貸付制度を設けました。

●集落営農の組織化とその法人化により農用地の利用集積の加速化を図りました。

●耕作放棄地対策を体系的に整備しました。

平成21年〜

農地の確保と農地の 貸借・効率的利用の促進	◎農地法・農業経営基盤強化促進法・農振法・農業協同組合法の改正（平成21年）

●農地法の改正

目的規定の全面改正、解除条件付き貸借による一般法人等の農地の権利取得を認容するとともに、転用規制については、学校、病院等の公共転用も許可が必要とするなどの規制の厳格化を図りました。

●農業経営基盤強化促進法の改正

農地の面的集積を促進するため、新たに「農地利用集積円滑化事業」を創設しました。

●農振法の改正

農地を確保する観点から、農用地区域からの除外の厳格化などを図りました。

●農業協同組合法の改正

農業協同組合による農業経営を可能にしました。